BEI GRIN MACHT SICH IHR WISSEN BEZAHLT

Andreas Wolf

Methoden zum Umgang mit fehlenden Werten in der Analyse von kategorialen Daten

GRIN Verlag

Bibliografische Information der Deutschen Nationalbibliothek:

Die Deutsche Bibliothek verzeichnet diese Publikation in der Deutschen National-
bibliografie; detaillierte bibliografische Daten sind im Internet über http://dnb.d-
nb.de/ abrufbar.

Dieses Werk sowie alle darin enthaltenen einzelnen Beiträge und Abbildungen
sind urheberrechtlich geschützt. Jede Verwertung, die nicht ausdrücklich vom
Urheberrechtsschutz zugelassen ist, bedarf der vorherigen Zustimmung des Verla-
ges. Das gilt insbesondere für Vervielfältigungen, Bearbeitungen, Übersetzungen,
Mikroverfilmungen, Auswertungen durch Datenbanken und für die Einspeicherung
und Verarbeitung in elektronische Systeme. Alle Rechte, auch die des auszugsweisen
Nachdrucks, der fotomechanischen Wiedergabe (einschließlich Mikrokopie) sowie
der Auswertung durch Datenbanken oder ähnliche Einrichtungen, vorbehalten.

Impressum:

Copyright © 2003 GRIN Verlag GmbH
Druck und Bindung: Books on Demand GmbH, Norderstedt Germany
ISBN: 978-3-640-20311-6

GRIN - Your knowledge has value

Der GRIN Verlag publiziert seit 1998 wissenschaftliche Arbeiten von Studenten, Hochschullehrern und anderen Akademikern als eBook und gedrucktes Buch. Die Verlagswebsite www.grin.com ist die ideale Plattform zur Veröffentlichung von Hausarbeiten, Abschlussarbeiten, wissenschaftlichen Aufsätzen, Dissertationen und Fachbüchern.

Besuchen Sie uns im Internet:

http://www.grin.com/

http://www.facebook.com/grincom

http://www.twitter.com/grin_com

Johann Wolfgang Goethe-Universität Frankfurt am Main

Fachbereich Wirtschaftswissenschaften

Professur für Statistik

Sommersemester 2003

Seminar

„Angewandte Statistik"

Seminararbeit zum Thema

Methoden zum Umgang mit fehlenden Werten in der Analyse von kategorialen Daten

Name: Andreas Wolf

Abgabetermin: 25.08.2003

Inhaltsverzeichnis

1   Einleitung

Obwohl Methoden für kategoriale Daten wie z. B. die logistische Regression und das loglineare Modellieren in fast allen bedeutenden Bereichen der statistischen Anwendung alltäglich sind, gibt es dennoch kaum Literatur über grundsätzliche Verfahren, wie mit fehlenden Werten in der Analyse von Klassendaten umzugehen ist. In dieser Seminararbeit werden Techniken für die Parametersimulation und die multiple Imputation von unvollständigen Klassendaten im saturierten multinomialen Modell entwickelt. Das saturierte multinomiale Modell eignet sich hierfür besonders, da es dreifache und höhere Verbindungen zwischen den Variablen zulässt.

In Abschnitt 2 werden die grundlegenden Eigenschaften zweier multivariater Verteilungen, der multinomialen und der Dirichlet-Verteilung, betrachtet. Der elementare EM- und der Vergrößerungsalgorithmus für das saturierte multinomiale Modell werden in Abschnitt 3 entwickelt. Die Darstellungen gehen auf das 7. Kapitel des Buches „Analysis of Incomplete Multivariate Data" von J. L. Schafer zurück, das 1997 bei Chapman & Hall erschienen ist.

2   Das Multinomial-Modell und die Dirichlet-Verteilung

2.1   Die Multinomialverteilung[1]

$Y_1, Y_2, \ldots, Y_p$ seien Zufallsvariablen bzw. Merkmale, die positive ganzzahlige Werte $1, 2, \ldots, d_j$ für $j = 1, 2, \ldots, p$ annehmen können. Dabei handelt es sich um nominale oder ungeordnete Klassen. Bei einer Stichprobe von n unabhängigen und identisch verteilten Erhebungseinheiten kann man eine Kontingenztabelle Y mit $D = \prod\limits_{j=1}^{p} d_j$ Zellen aufstellen. D ist hier die Anzahl unterschiedlicher Kombinationen der Merkmalsausprägungen von $Y_1, Y_2, \ldots, Y_p$. Im Weiteren nehmen wir an, dass keine *strukturellen Nullen* existieren, d. h. keine Kombination von Ausprägungen verschiedener Merkmale aufgrund bestimmter logischer Bedingungen unmöglich ist. x_d für $d = 1, 2, \ldots, D$ sei die absolute Häufigkeit von Erhebungseinheiten, die in Zelle d fallen und θ_d die zugehörige Wahrscheinlichkeit. Alle Zellhäufigkeiten und deren Wahrscheinlichkeiten werden mit $x = (x_1, x_2, \ldots, x_D)$ bzw. $\theta = (\theta_1, \theta_2, \ldots, \theta_D)$ zusammengefasst. Sind die Erhebungseinheiten unabhängig und identisch verteilt, und ist $n = \sum\limits_{d=1}^{D} x_d$ fix, so hat x eine multinomiale Verteilung:

---

[1] Vgl. Schafer 1997, S. 240-243.

$$x \mid \theta \sim M(n,\theta)$$

Die Wahrscheinlichkeitsverteilung für x lautet dann

$$P(x \mid \theta) = \frac{n!}{x_1! x_2! \cdots x_D!} \theta_1^{x_1} \theta_2^{x_2} \cdots \theta_D^{x_D} \tag{1}$$

für $\sum_{d=1}^{D} x_d = n$ und sonst 0. x_D und θ_D lassen sich ersetzen durch $n - \sum_{d=1}^{D-1} x_d$ bzw. $1 - \sum_{d=1}^{D-1} \theta_d$,

sodass es nur noch $D-1$ freie Parameter gibt. Man kann auch den Vektor θ als unbekannt betrachten, dann muss er im Simplex

$$\Theta = \left\{ \theta : \theta_d \geq 0 \, \forall \, d \text{ und } \sum_{d=1}^{D} \theta_d = 1 \right\} \tag{2}$$

liegen, einem $(D-1)$-dimensionalen Unterraum eines D-dimensionalen Raums. Der Simplex Θ stellt folglich den Raum mit allen zulässigen Lösungen für θ dar. Man nennt das Modell *saturiert*, da es die maximale Anzahl freier Parameter $(D-1)$ beinhaltet, und es erlaubt alle möglichen Beziehungen zwischen den Zufallsvariablen $Y_1, Y_2, \ldots, Y_p$. Der Spezialfall $D = 2$ ist als Binomialverteilung bekannt. Das erste Moment der Multinomialverteilung lautet

$$E(x_d \mid \theta) = n\theta_d.$$

Die Likelihoodfunktion für multinomiale Parameter ist

$$L(\theta \mid Y) \propto \prod_{d=1}^{D} \theta_d^{x_d} I_\Theta(\theta), \tag{3}$$

wobei $I_\Theta(\theta)$ gleich 1 ist für $\theta \in \Theta$ und ansonsten 0. Durch Logarithmieren erhält man

$$l(\theta \mid Y) = \sum_{d=1}^{D} x_d \log \theta_d, \tag{4}$$

dessen Definitionsbereich der Simplex ist. Durch Gleichsetzung jeder absoluten Zellhäufigkeit x_d mit seinem Erwartungswert $E(x_d \mid \theta) = n\theta_d$ bekommt man die ML-Schätzwerte für die Zellwahrscheinlichkeiten, die den beobachteten Verhältnissen entsprechen:

$$\hat{\theta}_d = \frac{x_d}{n}, \, d = 1, 2, \ldots, D. \tag{5}$$

2.2 Zusammenziehen und Aufteilen von multinomialverteilten Variablen[2]

Angenommen man zieht zwei Zellen der Kontingenztabelle zusammen, indem man deren Häufigkeiten addiert, so erhält man eine neue Tabelle $x^* = (z, x_3, \ldots, x_D)$ mit $z = x_1 + x_2$.

Die Zellwahrscheinlichkeiten lauten dann $\theta^* = (\xi, \theta_3, \ldots, \theta_D)$ mit $\xi = \theta_1 + \theta_2$. Durch die Summe der multinomialen Wahrscheinlichkeiten

$$P(x^* \mid \theta) = \sum_{j=0}^{z} P(x_1 = j, x_2 = z - j, x_3, \ldots, x_D) = \sum_{j=0}^{z} \frac{n!}{j!(z-j)!x_3! \cdots x_D!} \theta_1^{\,j} \theta_2^{\,z-j} \theta_3^{x_3} \cdots \theta_D^{x_D}$$

$$= \frac{n!}{z!x_3! \cdots x_D!} \theta_3^{x_3} \cdots \theta_D^{x_D} \sum_{j=0}^{z} \frac{z!}{j!(z-j)!} \theta_1^{\,j} \theta_2^{\,z-j} = \frac{n!}{z!x_3! \cdots x_D!} (\theta_1 + \theta_2)^z \theta_3^{x_3} \cdots \theta_D^{x_D}$$

lässt sich zeigen, dass x^* multinomialverteilt ist:

$$x^* \mid \theta \sim M(n, \theta^*) . \tag{6}$$

Nutzen wir diese Eigenschaft und ziehen $x_3 + \cdots + x_D$ zu $n - z$ und $x_1 + x_2$ zu z zusammen bzw. belassen es bei x_1 und x_2, so gelangen wir zu

$$(z, n - z) \mid \theta \sim M(n, (\xi, 1 - \xi)) \text{ bzw. } (x_1, x_2, n - z) \mid \theta \sim M(n, (\theta_1, \theta_2, 1 - \xi)) .$$

Die bedingte Verteilung von (x_1, x_2) gegeben z ist definiert als

$$P(x_1, x_2 \mid z, \theta) = \frac{P(x_1, x_2, n - z \mid \theta)}{P(z, n - z \mid \theta)} . \tag{7}$$

Durch Einsetzen im Zähler und Nenner der rechten Seite kommt man zu

$$P(x_1, x_2 \mid z, \theta) = \frac{z!}{x_1! x_2!} \left(\frac{\theta_1}{\xi}\right)^{x_1} \left(\frac{\theta_2}{\xi}\right)^{x_2} .$$

Folglich ist auch die bedingte Verteilung von (x_1, x_2) gegeben z multinomial:

$$(x_1, x_2) \mid z, \theta \sim M(z, (\frac{\theta_1}{\xi}, \frac{\theta_2}{\xi})) . \tag{8}$$

Nun erweitern wir das Zusammenziehen von Zellen auf eine beliebige Anzahl. Die Zellen $\{1, 2, \ldots, D\}$ werden in die disjunkten Unterräume $A_1, A_2, \ldots, A_K$ aufgeteilt. Der Teil von x, der zu A_k gehört, also der *k-te Teil von x*, wird bezeichnet mit

$$x_{(k)} = \{x_d : d \in A_k\} .$$

Die Sammlung $\{x_{(1)}, x_{(2)}, \ldots, x_{(k)}\}$ nennt man die *aufgeteilte Tabelle*. Die absolute Häufigkeit für den k-ten Teil ist somit $z_k = \sum_{d \in A_k} x_d$, und der Vektor $z = (z_1, z_2, \ldots, z_K)$ stellt

---

[2] Vgl. Schafer 1997, S. 243-247.

die *zusammengezogene Tabelle* dar. Die Wahrscheinlichkeit, dass eine Erhebungseinheit in den k-ten Teil fällt, wird mit

$$\xi_k = \sum_{d \in A_k} \theta_d \tag{9}$$

und die bedingte Wahrscheinlichkeit für Zelle d gegeben k mit

$$\phi_{kd} = \frac{\theta_d}{\xi_k} \ \forall \ d \in A_k \tag{10}$$

bezeichnet. Die Sammlung aller bedingten Wahrscheinlichkeiten für den k-ten Teil lautet

$$\phi_k = \{\phi_{kd} : d \in A_k\}.$$

Unter diesen Voraussetzungen lässt sich zeigen, dass die Verteilung der zusammengezogenen Tabelle multinomial ist,

$$z \mid \theta \sim M(n,\xi) \text{ mit } \xi = (\xi_1, \xi_2, \ldots, \xi_K), \tag{11}$$

und die bedingte Verteilung der aufgeteilten Tabelle, gegeben die zusammengezogene Tabelle, ein Satz von unabhängigen multinomialen Verteilungen:

$$x_{(1)} \mid z,\theta \sim M(z_1, \phi_1),$$

$$x_{(2)} \mid z,\theta \sim M(z_2, \phi_2)$$

$$\vdots$$

$$x_{(K)} \mid z,\theta \sim M(z_K, \phi_K). \tag{12}$$

Diesen Satz von multinomialen Verteilungen nennt man auch produkt-multinomial. Folglich lässt sich jede multinomiale Verteilung in eine selbe durch Zusammenziehen bzw. in eine produkt-multinomiale durch Aufteilen gegeben eine zusammengezogene verwandeln. Nun fassen wir die Parameter aus der zusammengesetzten und aufgeteilten Tabelle mit

$$\psi = (\xi, \phi_1, \ldots, \phi_K)$$

zusammen, das eine direkte funktionale Beziehung zu θ hat: $\psi = \psi(\theta)$ bzw. $\theta = \psi^{-1}(\psi)$ und damit

$$\theta_d = \xi_k \phi_{kd} \ \forall \ d \in A_k, \ k = 1, 2, \ldots, K. \tag{13}$$

Die Parameter aus der zusammengezogenen und der aufgeteilten Tabelle sind gegenseitig eindeutig, und daher kann die Likelihoodfunktion für ψ in eine Reihe von unabhängigen multinomialen Likelihoodfunktionen zerlegt werden:

$$L(\psi \mid x) = L(\xi \mid z) L(\phi_1 \mid x_{(1)}) \cdots L(\phi_K \mid x_{(K)}).$$

D. h. Likelihood-basierte Folgerungen können unabhängig für jeden Teil von ψ gezogen und die Ergebnisse anschließend kombiniert werden, um einen allgemeinen Rückschluss zu erhalten. Z. B. können die ML-Schätzwerte für $\hat{\xi}_k\ (=\frac{z_k}{n})$ und $\hat{\phi}_{kd}\ (=\frac{x_d}{z_k})\ \forall\ d \in A_k$

bestimmt werden, um über $\theta = \psi^{-1}(\psi)$ zu $\hat{\theta}_d = \frac{x_d}{n}$ zu gelangen.

Die Zerlegung in multinomiale Likelihoodfunktionen ist von großer Bedeutung für statistische Aussagen. In einigen Datensätzen sind manche Klassenvariablen nicht mehr zufällig, sondern durch ihren Entwurf festgelegt. In dem Fall sind dann die Zellhäufigkeiten $x = (x_1, x_2, \ldots, x_D)$ nicht mehr multinomial. Dennoch kann man durch die fehlerhafte Annahme eines multinomialen Modells zulässige Aussagen über die Parameter des nicht fixen Teils des Modells machen. Dies gilt auch für fehlende Werte in unvollständigen Daten, vorausgesetzt diese sind nicht als fest deklariert. Obwohl im Weiteren von multinomialen Modellen die Rede ist, sollte man sich bewusst machen, dass die repräsentierten Methoden auch in einigen nicht-multinomialen Situationen vernünftig angewendet werden können.

2.3 Die Dirichlet-Verteilung[3]

θ hat eine Dirichlet-Verteilung mit $\alpha = (\alpha_1, \ldots, \alpha_D)$, wenn seine Dichte

$$P(\theta \mid \alpha) = \frac{\Gamma(\alpha_0)}{\Gamma(\alpha_1)\Gamma(\alpha_2)\cdots\Gamma(\alpha_D)}\theta_1^{\alpha_1 - 1}\theta_2^{\alpha_2 - 1}\cdots\theta_D^{\alpha_D - 1} \tag{14}$$

über den Simplex Θ definiert ist mit $\alpha_0 = \sum\limits_{d=1}^{D}\alpha_d$ und $\Gamma(\cdot)$ als Gamma-Funktion. Man

schreibe

$$\theta \mid \alpha \sim D(\alpha).$$

Wenn die Dirichlet-Verteilung für die Parameter einer multinomialen Verteilung genutzt wird, lässt man die normalisierende Konstante weg und beschreibt die a priori Dichte mit

$$\pi(\theta) \propto \theta_1^{\alpha_1 - 1}\theta_2^{\alpha_2 - 1}\cdots\theta_D^{\alpha_D - 1}, \tag{15}$$

wobei $\alpha_1, \ldots, \alpha_D$ als spezifische Hyperparameter verstanden werden.

Das erste Moment der Dirichlet-Verteilung ist

$$E(\theta_d) = \frac{\alpha_d}{\alpha_0}.$$

Die Dichte der Dirichlet-Verteilung gleicht der Likelihoodfunktion einer multinomialen Verteilung $x = (x_1, x_2, \ldots, x_D)$ mit $x_d = \alpha_d - 1$ für $d = 1, 2, \ldots, D$. Diese ist bei

$$\theta_d = x_d / \sum\limits_{d'=1}^{D} x_{d'}$$ maximal. Daher tritt der Modus der Dirichlet-Dichte bei

---

[3] Vgl. Schafer 1997, S. 247-250.

$$\theta_d = \frac{\alpha_d - 1}{\alpha_0 - D} \text{ für } d = 1, 2, \ldots, D \tag{16}$$

auf, vorausgesetzt dass jedes $\alpha_d \geq 1$ ist.

Wenn $\theta \sim D(\alpha)$ das gegenwärtige Wissen über θ repräsentiert und ein oder mehrere Elemente von α kleiner oder gleich eins sind, sollte man θ durch den Mittelwert schätzen, da über den Modus in dieser Situation kein eindeutiger Punkt für θ bestimmbar ist.

Eine Zufallsvariable v ist standard-gamma-verteilt mit $a > 0$, wenn seine Dichte

$$P(v \mid a) = \frac{1}{\Gamma(a)} v^{a-1} e^{-v}$$

ist für $v > 0$, und man schreibt

$$v \mid a \sim G(a).$$

Der Mittelwert und die Varianz sind beide a, außerdem ist $v_1 + v_2 \sim G(a_1 + a_2)$, wenn $v_1 \sim G(a_1)$ und $v_2 \sim G(a_2)$ unabhängig sind. Angenommen $v_1, v_2, \ldots, v_D$ sind unabhängige standard-gamma-Variablen mit $\alpha_1, \alpha_2, \ldots, \alpha_D$. Wenn wir

$$\theta_d = v_d \Big/ \sum_{d'=1}^{D} v_{d'}, \; d = 1, 2, \ldots, D,$$

nehmen, dann ist $\theta = (\theta_1, \theta_2, \ldots, \theta_D)$ dirichletverteilt mit $\alpha = (\alpha_1, \alpha_2, \ldots, \alpha_D)$. Diese Eigenschaft ermöglicht uns, einen Dirichlet-Zufallsvektor zu simulieren.

Ein Nachteil der Dirichlet-Verteilung ist, dass sie die Zellen der Tabelle ungeordnet behandelt und ihre Kreuz-Struktur ignoriert. Wenn die Parameter des Datenmodells nicht gut geschätzt werden, macht es den Anschein, als habe die Wahl der a priori Verteilung einen direkten Einfluss auf die Ergebnisse. In diesem Fall muss man vorsichtig damit sein, Schlussfolgerungen aus der Analyse von Dirichlet- oder anderen a priori Verteilung zu ziehen.

2.4   Bayesianische Inferenz[4]

Multipliziert man die Dirichlet-Dichte mit der multinomialen Likelihood-Funktion, so ergibt sich

$$P(\theta \mid Y) \propto \theta_1^{\alpha_1 + x_1 - 1} \theta_2^{\alpha_2 + x_2 - 1} \ldots \theta_D^{\alpha_D + x_D - 1}, \tag{17}$$

das eine Dirichlet-Dichte ist mit

$$\alpha' = (\alpha'_1, \alpha'_2, \ldots, \alpha'_D) = (\alpha_1 + x_1, \alpha_2 + x_2, \ldots, \alpha_D + x_D) = \alpha + x. \tag{18}$$

Die a posteriori Verteilung ist somit

---

[4] Vgl. Schafer 1997, S. 250-251.

$\theta \mid Y \sim D(\alpha')$,

der a posteriori Erwartungswert

$$E(\theta \mid Y) = (\frac{\alpha'_1}{\alpha'_0}, \frac{\alpha'_2}{\alpha'_0}, \dots, \frac{\alpha'_D}{\alpha'_0}) \text{ mit } \alpha'_0 = \alpha_0 + n,$$

der a posteriori Modus

$$Modus(\theta \mid Y) = (\frac{\alpha'_1 - 1}{\alpha'_0 - D}, \frac{\alpha'_2 - 1}{\alpha'_0 - D}, \dots, \frac{\alpha'_D - 1}{\alpha'_0 - D}) \ \forall \ \alpha'_d \geq 1.$$

Die a priori Dirichlet-Verteilung ist eine geeignete Wahrscheinlichkeitsfunktion, wenn alle α_d positiv sind. (17) ist bereits geeignet, wenn nur die Hyperparameter α'_d größer Null sind. Das bedeutet, dass uns selbst die ungeeignete a priori Dirichlet-Dichtefunktion

$$\pi(\theta) \propto \theta_1^{-1} \theta_2^{-1} \cdots \theta_D^{-1} \text{ mit } \alpha = (0, 0, \dots, 0) \tag{19}$$

zu einer geeigneten a posteriori Dirichlet-Verteilung führt, wenn es keine leeren Zellen gibt, das heißt $x_d \geq 1$ für $d = 1, 2, \dots, D$ gilt.

2.5 Wahl der a priori Hyperparameter[5]

Wegen der Regel (18), bei der die Hyperparameter $\alpha = (\alpha_1, \dots, \alpha_D)$ aktualisiert werden, ist es verlockend, diese als a priori Zellhäufigkeiten zu interpretieren. Wird α_d um eins erhöht, so hat dies denselben Effekt, wie wenn eine zusätzliche Erhebungseinheit in Zelle d betrachtet wird. Allerdings muss $\alpha_d = 0$ nicht unbedingt bedeuten, dass es keine a priori Beobachtungen in Zelle d gibt.

Wenn nur wenig a priori Information über θ vorhanden ist, liegt es nahe, für $\alpha_1, \dots, \alpha_D$ einen gemeinsamen konstanten Wert c zu wählen, d.h. $\alpha = (c, c, \dots, c)$, sodass die a posteriori Verteilung direkt proportional zur Likelihoodfunktion ist. Es gibt dabei keine Wahl für c, die eine klare Unwissenheit über θ repräsentiert. Die meisten Statistiker würden in einer solchen Situation den ML-Schätzwert

$$\hat{\theta} = (\frac{x_1}{n}, \frac{x_2}{n}, \dots, \frac{x_D}{n}) \tag{20}$$

als angemessene Schätzung für θ ansehen, was sicher richtig ist, wenn es keine leeren Zellen gibt. (20) ist der a posteriori Mittelwert für die ungeeignete a priori Verteilung $c = 0$ unter der Voraussetzung keiner leerer Zellen und zugleich der a posteriori Modus für $c = 1$. Es scheint vernünftig zu sein, den Wertebereich von c zwischen 0 und 1 als nicht-informativ anzusehen. Wir nehmen von nun an $c = \frac{1}{2}$ als eine vorgegebene nicht-informative a priori Verteilung für

---

[5] Vgl. Schafer 1997, S. 251-254.

Simulationen an, bei denen die Stichprobe sehr groß ist. Wird daran gezweifelt, dass der a priori Einfluss gering ist, so sollte eine Sensitivitätsanalyse mit verschiedenen a priori Werten durchgeführt werden. Schwanken die Werte extrem, so ist keine Schlussfolgerung möglich. Eine Tabelle, bei der viele Zellen die Zellhäufigkeit Null haben, nennt man *dünn besetzt*. Da dünn besetzte Tabellen meist dazu führen, dass bestimmte Parameter nicht geschätzt werden können, wird vorgeschlagen, eine kleine Konstante wie $\frac{1}{2}$ zu jeder Zelle hinzuzuaddieren. Eine solche Konstante bezeichnet man als *Glättungskonstante*, weil sie den geschätzten Wert θ zu einer einheitlichen Tabelle glättet, in der alle Zellwahrscheinlichkeiten gleich sind. Dadurch sind keine Beziehungen zwischen den Variablen erkennbar, weshalb man seltener folgern könnte, dass es Verflechtungen gibt, wenn es tatsächlich keine gibt.

Eine a priori Verteilung, die Parameter-Schätzwerte so glättet, dass eine einheitliche Tabelle entsteht, wird a priori Glättungsverteilung genannt. Sie kann dabei behilflich sein, einen eindeutigen Modus von θ zu finden. Es sollte jedoch beachtet werden, dass die Daten nicht „überglättet" werden. Wenn man ε zu jeder Zelle addiert, so führt man Informationen gleichbedeutend mit $D\varepsilon$ a priori Beobachtungen ein. Bei sehr dünn besetzten Tabellen könnte das Hinzuaddieren einer Konstante dazu führen, dass die a priori Stichprobe größer wird als die tatsächliche Stichprobe. Daher sollte man das eigentliche Modell nicht um mehr als 10-20% vergrößern, damit die Integrität der beobachteten Daten erhalten bleibt.

Die a priori Glättungsverteilung hat den Nachteil, dass sie die Daten so glättet, dass jede Variable Y_j eine einheitliche Verteilung über seine Klassen $1, 2, ..., d_j$ hat. Indem man die priori Daten abhängig macht, gelingt die Glättung zu einem Modell, bei dem die Variablen gegenseitig unabhängig sind, aber die Randverteilung unbeeinträchtigt bleibt. Angenommen Y_1 ist dichotom, und $Y_1 = 1$ und $Y_1 = 2$ werden mit 30% bzw. 70% in der Stichprobe beobachtet. Nachdem eine passende Gesamtzahl von a priori Beobachtungen n_0 gewählt wurde, können 30% dieser Zahl Zellen von $Y_1 = 1$ und die restlichen 70% Zellen von $Y_1 = 2$ zugeteilt werden. Diese Strategie kann auf eine a priori Verteilung erweitert werden, die zugleich die Randverteilungen aller Variablen des Datensatzes unberührt lässt. Zelle d stimme mit dem Ereignis $Y_1 = y_1, Y_2 = y_2, ..., Y_p = y_p$ überein, und $Y_1, Y_2, ..., Y_p$ seien gegenseitig unabhängig, dann lautet die zugehörige Zellwahrscheinlichkeit

$$\theta_d = P(Y_1 = y_1)P(Y_2 = y_2) \cdots P(Y_p = y_p). \tag{21}$$

Die einzelnen Wahrscheinlichkeiten können durch die beobachteten Verhältnisse in der Stichprobe geschätzt werden. Multipliziert man das resultierende θ_d mit n_0, so bekommt man die Zahl der a priori Beobachtungen für Zelle d. Für den Hyperparameter α_d eines den Modus suchenden Algorithmus ergibt sich folgende Formel:

$$\alpha_d = 1 + n_0 \prod_{j=1}^{p} P(Y_j = y_j). \tag{22}$$

Wenn die Randverteilung aller Y_j relativ einheitlich ist, d. h. alle Klassen $1, 2, \ldots, d_j$ ungefähr gleich besetzt sind, hat diese datenabhängige a priori Verteilung nahezu denselben Effekt wie die a priori Glättungsverteilung. Wenn aber die Klassen relativ unterschiedlich besetzt sind, ist die datenabhängige a priori Verteilung eine attraktive Alternative zur a priori Glättungsverteilung.

2.6   Zusammenziehen und Aufteilen von dirichletverteilten Variablen[6]

Ein Dirichlet-Zufallsvektor kann in analoger Weise zusammengezogen und aufgeteilt werden, wie es bereits in Kapitel 2.2 für multinomiale Variablen beschrieben wurde. Daher wird an dieser Stelle nur das Ergebnis der Untersuchung repräsentiert:

Wenn θ eine Dirichlet-Verteilung mit $\alpha = (\alpha_1, \alpha_2, \ldots \alpha_D)$ hat, dann ist auch ξ dirichletverteilt

$$\xi \mid \alpha \sim D(\beta),$$

wobei man die Parameter $\beta = (\beta_1, \beta_2, \ldots, \beta_K)$ erhält, indem man die Elemente von α in derselben Weise addiert wie die Elemente von θ summiert wurden, um ξ zu bekommen,

$$\beta_k = \sum_{d \in A_k} \alpha_d.$$

Wenn $\phi_k = \{\phi_{kd} : d \in A_k\}$ die Sammlung aller bedingten Wahrscheinlichkeiten für den k-ten Teil von x ist, dann ist die bedingte Verteilung von $\phi = (\phi_1, \phi_2, \ldots, \phi_K)$ gegeben ξ ein Satz von K unabhängigen Dirichlet-Verteilungen

$$\phi_1 \mid \xi, \alpha \sim D(\alpha_{(1)}),$$

$$\phi_2 \mid \xi, \alpha \sim D(\alpha_{(2)}),$$

$$\vdots$$

$$\phi_K \mid \xi, \alpha \sim D(\alpha_{(K)}), \tag{23}$$

wobei $\alpha_{(k)} = \{\alpha_d : d \in A_k\}$ den k-ten Teil von α bezeichnet. Diese Eigenschaften implizieren, dass, wenn eine a priori Dirichlet-Verteilung auf den Parameter θ einer multinomialen Kontingenztabelle angewendet wird, die a priori Dirichlet-Verteilung von

---

[6] Vgl. Schafer 1997, S. 255-257.

$\psi = (\xi, \phi)$ in eine unabhängige Dirichlet-Verteilung für $\xi, \phi_1, \ldots, \phi_K$ zerlegt werden kann. Diese Fähigkeit, zusammengezogen und aufgeteilt werden zu können, macht die Dirichlet-Verteilung zu einer sehr reizvollen a priori Verteilung für den Gebrauch in Simulationsalgorithmen.

3 Basisalgorithmen für das gesättigte Modell

3.1 Charakterisierung eines unvollständigen Klassendatensatzes[7]

Um die Informationen, die in einem unvollständigen Klassendatensatz enthalten sind, charakterisieren zu können, ist es notwendig, die Schreibweise für Kontingenztabellen zu erweitern. Zunächst muss gezeigt werden, dass die Kontingenztabelle eine p-dimensionale Anordnung ist. Angenommen die Variable Y_j nehme mögliche Werte $1, 2, \ldots, d_j$ an. Sei x_y, wobei $y = (y_1, y_2, \ldots, y_p)$ ist, die Gesamtzahl der Einheiten in der Stichprobe, für die das Ereignis $Y_1 = y_1, Y_2 = y_2, \ldots, Y_p = y_p$ eintrete, und θ_y die zugehörige Wahrscheinlichkeit. Den Satz aller möglichen Werte von y bezeichnen wir mit Y. Wenn eine Zellhäufigkeit oder –wahrscheinlichkeit mit dem Vektorzusatz $y = (y_1, y_2, \ldots, y_p)$ erscheint, sollte sie als ein Element einer Anordnung mit der Dimension $d_1 \times d_2 \times \cdots \times d_p$, wenn sie mit dem skalaren Zusatz d erscheint, als das d-te Element eines Vektors der Länge $D = \prod_{j=1}^{p} d_j$ betrachtet werden. Einerseits behandeln wir x und θ als Vektoren,

$$x = (x_1, x_2, \ldots, x_D) \text{ bzw. } \theta = (\theta_1, \theta_2, \ldots, \theta_D),$$

andererseits als p-dimensionale Anordnung,

$$x = \{x_y : y \in Y\} \text{ bzw. } \theta = \{\theta_y : y \in Y\}.$$

Nun erweitern wir die Schreibweise, um fehlende Daten zuzulassen. Dafür gehen wir von der Annahme aus, dass die Beobachtungen gemäß ihrer fehlenden Datenmuster gruppiert werden. Die fehlenden Datenmuster erhalten den Index $s = 1, 2, \ldots, S$, und wir definieren die binären Indikatoren

$$r_{sj} = \begin{cases} 1, \text{ wenn } Y_j \text{ in Datenmuster } s \text{ beobachtet wurde,} \\ 0, \text{ wenn } Y_j \text{ in Datenmuster } s \text{ fehlt.} \end{cases}$$

---

[7] Vgl. Schafer 1997, S. 257-260.

$x_y^{(s)}$ bezeichne die Anzahl von Erhebungseinheiten innerhalb des fehlenden Datenmusters s,

für die $y = (Y_1, Y_2, ..., Y_p)$ gilt, und

$$x^{(s)} = \left\{ x_y^{(s)} : y \in Y \right\}$$

den kompletten Satz dieser Häufigkeiten für Datenmuster s. Wenn irgendwelche Variablen in Datenmuster s fehlen, beobachten wir die Häufigkeiten in einer weniger dimensionierten Tabelle, in der die Erhebungseinheiten nur durch die beobachteten Variablen kreuz-klassifiziert sind. $O_s(y)$ und $M_s(y)$ seien Funktionen, die in Datenmuster s aus $y = (y_1, y_2, ..., y_p)$ die beobachteten bzw. fehlenden Variablen herausziehen:

$$O_s(y) = \left\{ y_j : r_{sj} = 1 \right\},$$

$$M_s(y) = \left\{ y_j : r_{sj} = 0 \right\}.$$

O_s und M_s seien schließlich die Sätze aller möglichen Werte von $O_s(y)$ und $M_s(y)$. Wenn man z. B. ein Datensatz mit $p = 4$ Variablen hat, bei dem im fehlenden Datenmuster s Y_1 und Y_4 beobachtet wurden bzw. Y_2 und Y_3 fehlen, so folgt $O_s(y) = (y_1, y_4)$, $M_s(y) = (y_2, y_3)$,

$$O_s = \left\{ (y_1, y_4) : y_1 = 1, 2, ..., d_1 ; y_4 = 1, 2, ..., d_4 \right\},$$

$$M_s = \left\{ (y_2, y_3) : y_2 = 1, 2, ..., d_2 ; y_3 = 1, 2, ..., d_3 \right\}.$$

Sind die Erhebungseinheiten innerhalb des fehlenden Datenmusters s nur durch die beobachteten Variablen kreuz-klassifiziert, so bekommt man eine Tabelle mit Häufigkeiten, die wir bezeichnen mit

$$z_{O_s(y)}^{(s)} = \sum_{M_s(y) \in M_s} x_y^{(s)} \; \text{für alle } O_s(y) \in O_s. \tag{24}$$

Die Randwahrscheinlichkeit, dass eine Beobachtung in Zelle $O_s(y)$ dieser Tabelle fällt, lautet dann

$$\beta_{O_s(y)} = \sum_{M_s(y) \in M_s} \theta_y . \tag{25}$$

Fasst man x und θ als p-dimensionale Anordnung auf, so kann man analog zu Abschnitt 2.1 die Log-Likelihoodfunktion schreiben als

$$l(\theta \mid Y) = \sum_{y \in Y} x_y \log \theta_y . \tag{26}$$

Für ein beliebiges fehlendes Datenmuster s werden die beobachteten Daten zusammengefasst durch die Tabelle

$$z^{(s)} = \left\{ z_{O_s(y)}^{(s)} : O_s(y) \in O_s \right\}. \tag{27}$$

$z^{(s)}$ stellt dabei eine zusammengezogene Form von $x^{(s)}$ dar. Daher gleicht der Beitrag von $z^{(s)}$ zur Log-Likelihoodfunktion beobachteter Daten dem einer multinomialen Verteilung mit $n_s = \sum\limits_{y \in Y} x_y^{(s)}$ und dem Parameter

$$\beta^{(s)} = \left\{ \beta_{O_s(y)}^{(s)} : O_s(y) \in O_s \right\}. \tag{28}$$

Der Beitrag von $z^{(s)}$ zur Log-Likelihoodfunktion beobachteter Daten ist somit

$$\sum_{O_s(y) \in O_s} z_{O_s(y)}^{(s)} \log \beta_{O_s(y)}.$$

Die Log-Likelihoodfunktion beobachteter Daten ist die Summe dieser Beiträge über die fehlenden Datenmuster $s = 1, 2, \ldots, S$:

$$l(\theta \mid Y_{obs}) = \sum_{s=1}^{S} \sum_{O_s(y) \in O_s} z_{O_s(y)}^{(s)} \log \beta_{O_s(y)}. \tag{29}$$

3.2 Der EM-Algorithmus[8]

Weil es sehr aufwendig wäre, für Formel (29) einen analytischen Ausdruck für ihre erste und zweite Ableitung über eine Gradientenmethode zu berechnen, greifen wir auf den unkomplizierten EM-Algorithmus zurück, weil dieser nur wiederholt die Log-Likelihoodfunktion vollständiger Daten (26) maximiert. Für jedes fehlende Datenmuster $s = 1, 2, \ldots, S$ teilen wir die Häufigkeiten der beobachteten Tabelle $z^{(s)}$ den Zellen der Tabelle $x^{(s)}$ zu. Dies geschieht in den Verhältnissen, die die gegenwärtige Schätzung von θ vorsieht. Die resultierende Tabelle $x = x^{(1)} + x^{(2)} + \cdots + x^{(S)}$ unterstützt die aktualisierte Schätzung von θ. Zunächst sollten die beobachteten Daten für jedes fehlende Datenmuster gemäß den beobachteten Variablen kreuz-klassifiziert werden, indem die Daten zu $z^{(1)}, z^{(2)}, \ldots, z^{(S)}$ reduziert werden. Dabei kann $z^{(1)}, z^{(2)}, \ldots, z^{(S)}$ als Anordnung variierender Dimensionen betrachtet werden, da die Anzahl der Dimensionen von $z^{(s)}$ gleich der Anzahl der beobachteten Variablen in Muster s ist. x kann als Summe der fehlenden Datenmuster $1, 2, \ldots, S$ $x = \sum\limits_{s=1}^{S} x^{(s)}$ ausgedrückt werden. Aus den Regeln von Kapitel 2.2 folgt, dass die bedingte Verteilung von $x^{(s)}$ gegeben $z^{(s)}$ produkt-multinomial ist.

$$x_{O_s(y)}^{(s)} = \left\{ x_y^{(s)} : M_s(y) \in M_s \right\} \tag{30}$$

---

[8] Vgl. Schafer 1997, S. 260-264.

bezeichnet den Teil von $x^{(s)}$, der sich ergibt, wenn man $O_s(y)$ bei einem bestimmten Wert

fest hält, während $M_s(y)$ über M_s variiert wird. Das bedeutet, dass $x^{(s)}_{O_s(y)}$ der Satz aller

Zellhäufigkeiten in $x^{(s)}$ ist, der zu den beobachteten Häufigkeiten $z^{(s)}_{O_s(y)}$ beiträgt. Nach den

Aufteilungsregeln hat $x^{(s)}_{O_s(y)}$ gegeben $z^{(s)}_{O_s(y)}$ eine multinomiale Verteilung mit den

Parametern

$$\gamma_{O_s(y)} = \left\{ \theta_y / \beta_{O_s(y)} : M_s(y) \in M_s \right\} \tag{31}$$

$$x^{(s)}_{O_s(y)} \mid z^{(s)}_{O_s(y)}, \theta \sim M(z^{(s)}_{O_s(y)}, \gamma_{O_s(y)}). \tag{32}$$

Daraus folgt, dass der bedingte Erwartungswert eines Elements von $x^{(s)}$ ist

$$E(x^{(s)}_y \mid z^{(s)}, \theta) = z^{(s)}_{O_s(y)} \theta_y / \beta_{O_s(y)}. \tag{33}$$

Der E(rwartungswert)-Schritt besteht darin, (33) für jedes $s = 1, 2, \ldots, S$ zu berechnen und die

Ergebnisse zu summieren:

$$E(x_y \mid Y_{obs}, \theta) = \sum_{s=1}^{S} z^{(s)}_{O_s(y)} \theta_y / \beta_{O_s(y)}. \tag{34}$$

Die Log-Likelihoodfunktion der vollständigen Daten wird bei $\theta_y = x_y / n$ maximiert, und

deswegen hat der M(aximierungs)-Schritt die Aufgabe,

θ_y durch $E(x_y \mid Y_{obs}, \theta)/n$ für alle $y \in Y$ zu schätzen. $\tag{35}$

Abbildung 1 zeigt eine Pseudocode-Implementation der E- und M-Schritte.

```
for   y ∈ Y do x_y := 0
for   s := 1 to S do
    for O_s(y) ∈ O_s do
        if z^(s)_O_s(y) ≠ 0 then
            if M_s = ∅ then
                x_y := x_y + z^(s)_O_s(y)
            else
                sum := 0
                for M_s(y) ∈ M_s do sum := sum + θ_y
                for M_s(y) ∈ M_s do x_y := x_y + z^(s)_O_s(y) θ_y / sum
            end if
        end if
    end do
end do
for y ∈ Y do θ_y := x_y / n
```

Abb. 1: Einzelne Iteration des EM-Algorithmus für das saturierte multinomiale Modell

Gegeben sind die beobachteten Häufigkeiten $z^{(1)}, z^{(2)}, \ldots, z^{(S)}$ und der gegenwärtige Wert von θ. Der Code überschreibt θ mit seinem aktualisierten Wert. Ein temporärer Arbeitsspeicher x derselben Größe wie θ wird benötigt, um die erwartete suffiziente Statistik zu akkumulieren. Der Algorithmus durchläuft die fehlenden Datenmuster und prüft, ob das gängige Muster s fehlende Variablen hat. Wenn nicht, werden die beobachteten Häufigkeiten für das Muster s den Elementen von x hinzugefügt. Andernfalls wird der Erwartungswert mit (33) berechnet und zu x addiert. Sobald dies für $s = 1, 2, \ldots, S$ gemacht wurde, werden die resultierenden Elemente von x durch n geteilt, was zu dem aktualisierten Wert von θ führt.

Wenn der Startwert von θ auf der Grenze des Parameterraums Θ liegt, könnte es passieren, dass eine Häufigkeit, die ungleich Null ist, in einer der Zellen der beobachteten Daten-Tabellen $z^{(1)}, z^{(2)}, \ldots, z^{(S)}$ erscheint, für die die Wahrscheinlichkeit durch den Startwert von θ mit Null gegeben ist. In diesem Fall könnte der Algorithmus bei dem Versuch, durch Null zu teilen, anhalten. Um das zu verhindern, sollte ein Startwert aus dem Innern von Θ gewählt werden, am besten einer, bei dem alle Elemente von θ gleich sind. Um einen a posteriori Modus unter einer a priori Dirichlet-Verteilung zu finden, müsste der M-Schritt geändert werden. Ist die a priori Verteilung mit den Hyperparametern $\alpha = \{\alpha_y : y \in \mathrm{Y}\}$ dirichletverteilt, dann muss die letzte Zeile von Abbildung 1 modifiziert werden zu

$$\texttt{for } y \in \mathrm{Y} \texttt{ do } \theta_y := (x_y + \alpha_y - 1)/(n + \alpha_0 - D) \, , \tag{36}$$

wobei $\alpha_0 = \sum_{y \in \mathrm{Y}} \alpha_y$ ist. Setzt man $\alpha_y = 1$ für alle $y \in \mathrm{Y}$, so resultiert eine einheitliche a priori Verteilung, unter der der a posteriori Modus und der ML-Schätzer übereinstimmen.

Wenn Zellen der beobachteten Daten $z^{(1)}, z^{(2)}, \ldots, z^{(S)}$ leer sind, nicht weil das Ereignis von vornherein unmöglich ist, sondern aus Zufall, sagt man, enthalten die Zellen *Zufallsnullen*. Zufallsnullen können zwei unerwünschte Effekte nach sich ziehen. Zum einen könnte ein ML-Schätzer auf den Grenzen von Θ entstehen, der impliziert, dass einige Ereignisse eine Wahrscheinlichkeit von Null haben, obwohl sie a priori nicht für unmöglich gehalten wurden. Zweitens könnten Zufallsnullen eine zuverlässige Funktion von θ unschätzbar machen, weil der ML-Schätzer nicht einheitlich ist. Die Likelihood-Funktion beobachteter Daten müsste entlang eines Grates maximiert werden, und der EM-Algorithmus würde je nach Startwert zu verschiedenen stationären Punkten konvergieren.

Der Algorithmus in Abbildung 1 hat in beiden Fällen keine numerischen Schwierigkeiten, er konvergiert verlässlich von jedem Startpunkt im Innern von Θ. Um eine gute Schätzung für die Funktion von θ zu erreichen, ist es hilfreich, eine a priori Dirichlet-Verteilung anzuwenden, in der alle Hyperparameter einheitlich größer als 1 sind. Strukturelle Nullen unterscheiden sich qualitativ von Zufallsnullen und sollten daher nicht gleich behandelt werden. Weil die Wahrscheinlichkeit der Zellen mit strukturellen Nullen a priori mit Null bekannt ist, sollten diese aus dem Schätzverfahren herausgelassen werden. Im Algorithmus von Abbildung 1 kann ein Startwert für θ gewählt wird, bei dem alle Elemente, die zu Zellen mit strukturellen Nullen gehören, gleich Null gesetzt werden. Ist der Startwert von θ_y Null, dann weist der E-Schritt der Zelle y keinen Teil der in $z^{(1)}, z^{(2)}, \ldots, z^{(S)}$ beobachteten Häufigkeiten zu, sodass auch der resultierende Erwartungswert $E(x_y \mid Y_{obs}, \theta)$ Null sein wird. Um sicher zu gehen, dass der Schätzwert von θ_y für alle nachfolgenden Iterationen Null bleibt, sollte die letzte Zeile des Algorithmus ersetzt werden durch

$$\texttt{for}\ y \in Y^* \ \texttt{do}\ \theta_y := (x_y + \alpha_y - 1)/(n + \alpha_0^* - D^*) , \qquad (37)$$

wobei Y^* den Satz aller möglichen Werte von y ausschließlich der strukturellen Nullen, $\alpha_0^* = \sum\limits_{y \in Y^*} \alpha_y$ die Summe der a priori Hyperparameter und D^* die Anzahl der Elemente in Y^* darstellt.

```
l := 0
for s := 1 to S do
    for O_s(y) ∈ O_s do
        if z^(s)_{O_s(y)} ≠ 0 then
            if M_s = ∅ then
                l := l + z^(s)_{O_s(y)} logθ_y
            else
                sum := 0
                for M_s(y) ∈ M_s do sum := sum + θ_y
                l := l + z^(s)_{O_s(y)} log(sum)
            end if
        end if
    end do
end do
```

Abb. 2: Auswertung der Log-Likelihoodfunktion beobachteter Daten

Die Log-Likelihoodfunktion beobachteter Daten $l(\theta \mid Y_{obs})$, gegeben durch (29), und die logarithmierte a posteriori Dichte beobachteter Daten

$$\log P(\theta \mid Y_{obs}) = l(\theta \mid Y_{obs}) + \log \pi(\theta)$$

sind für bestimmte Werte von θ nicht schwer zu berechnen. Das Auswerten einer der beiden Funktionen kann hilfreich sein, um das Fortschreiten des EM-Algorithmus und der Datenvergrößerung zu überwachen. In Abbildung 2 ist ein Pseudocode gegeben, um $l(\theta \mid Y_{obs})$ auszuwerten. Es wird die Log-Likelihoodfunktion für den gegenwärtigen Wert von θ berechnet und in l abgespeichert. Dieser Code ist dem E-Schritt sehr ähnlich und könnte einfach in den EM-Algorithmus eingebunden werden.

3.3   Datenvergrößerung[9]

Die Datenvergrößerung für das saturierte multinomiale Modell ist dem oben beschriebenen EM-Algorithmus ziemlich ähnlich. Man zieht abwechselnd aus der Verteilung der fehlenden Daten, gegeben die beobachteten Daten und die Parameter, (I(mputations)-Schritt) und aus der a priori Verteilung der vollständigen Daten der Parameter (P(osteriori)-Schritt). Die beobachteten Daten enthalten die Tabellen $z^{(s)}$ für die fehlenden Datenmuster $s = 1, 2, \ldots, S$ und die fehlenden Daten Informationen, die benötigt werden, um jedes $z^{(s)}$ in eine komplette p-dimensionale Tabelle $x^{(s)}$ aufzufächern. Die Verteilung, gegeben $z^{(s)}$ und θ, ist die produkt-multinomiale Verteilung, die durch (30)-(32) bestimmt ist. Folglich besteht der I-Schritt darin, jedes $x^{(s)}$ aus seiner produkt-multinomialen Verteilung zu ziehen und diese danach alle zu summieren, um eine simulierte Tabelle vollständiger Daten $x = x^{(1)} + x^{(2)} + \cdots + x^{(S)}$ zu bekommen. Unter der a priori Dirichlet-Verteilung $\theta \sim D(\alpha)$ bedeutet der P-Schritt dann nur eine Simulation von θ aus seiner a posteriori Verteilung vollständiger Daten $\theta \sim D(\alpha + x)$.

Um in Abbildung 1 den E-Schritt in einen I-Schritt umzuwandeln, muss die proportionale Zuteilung der beobachteten Daten $z^{s}_{O_s(y)}$ auf die p-dimensionale Tabelle $x^{(s)}$, die durch den aktuellen Wert von θ bestimmt wird (10. Zeile), durch eine andere Routine ersetzt werden, die $x^{s}_{O_s(y)} \sim M(z^{s}_{O_s(y)}, \gamma_{O_s(y)})$ zieht und das Resultat zu x addiert. Eine Methode für die Simulation multinomialer Häufigkeiten, die *Table Sampling* genannt wird, besteht darin, gleich verteilte Zufallsvariablen $u \sim U(0,1)$ mit den kummulierten Summen der Wahrscheinlichkeiten in $\gamma_{O_s(y)}$ zu vergleichen. Ein Pseudocode für das Table Sampling ist in Abbildung 3 ausgewiesen.

---

[9] Vgl. Schafer 1997, S. 264-267.

```
for m:=1 to z_{O_s(y)}^{(s)} do
    draw u ~ U(0,1)
    k:=0
    for M_s(y) ∈ M_s do
        if k+θ_y/sum > u then
            x_y:=x_y+1
            goto 1
        else
            k:=k+θ_y/sum
        end if
    end do
1   continue
end do
```

Abb. 3: Table Sampling für den I-Schritt der Datenvergrößerung

Um die Umwandlung des EM-Algorithmus in einen Datenvergrößerungsalgorithmus zu vervollständigen, muss der M-Schritt (letzte Zeile der Abbildung 1) in einen P-Schritt geändert werden. Es muss folglich die Schätzung von θ durch die Tabelle vollständiger Daten x durch eine Zufallsziehung von θ aus der a posteriori Dirichlet-Verteilung $D(\alpha + x)$ ersetzt werden. Die Dirichlet-Verteilung kann gut durch die Verwendung von Standard-Gamma-Variablen (siehe Abschnitt 2.3) simuliert werden. Wenn strukturelle Nullen auftreten, sollten diese Zellen aus dem P-Schritt weggelassen und deren Wahrscheinlichkeit gleich Null gesetzt werden. Falls Zufallsnullen vorkommen, sollte eine a priori Verteilung mit $\alpha = (c, c, ..., c)$ für positive Werte c gewählt werden, damit keine Elemente von $\alpha + x$ Null werden können und somit auch der P-Schritt, abhängig vom Datenmuster, nicht undefiniert sein kann.

Der I- und der P-Schritt des Datenvergrößerungsalgorithmus arbeiten mit der suffizienten Statistik, die in x abgespeichert ist. Nachdem genug Schritte durchgeführt wurden, um einen ungefähren Stand zu erlangen, wird x eine simulierte Ziehung aus der a posteriori Verteilung der Kontingenztabelle vollständiger Daten $P(x \mid Y_{obs})$ enthalten. Wenn der Algorithmus für die multiple Imputation benutzt wird, könnte es am Ende vonnöten sein, die fehlenden Elemente Y_{mis} der $n \times p$ – Datenmatrix Y auszufüllen.

Abbildung 4 zeigt einen Pseudocode für einen modifizierten I-Schritt, der die fehlenden Elemente von Y imputiert.

```
        for s := 1 to S do
          if M_s ≠ 0 then
            for i ∈ I(s) do
              O_s(y) := y_i(obs)
              sum = 0
              for M_s(y) ∈ M_s  do  sum := sum + θ_y
              draw  u ~ U(0,1)
              k := 0
              for M_s(y) ∈ M_s  do
                if k + θ_y / sum > u  then
                  y_i(mis) := M_s(y)
                  goto 1
                else
                  k := k + θ_y / sum

                end if
              end do
        1         continue
            end do
          end if
        end do
```

Abb. 4: I-Schritt für die Imputation fehlender Daten

$y_{i(obs)}$ und $y_{i(mis)}$ bezeichnen die beobachteten bzw. fehlenden Anteile der i-ten Reihe der Datenmatrix Y, und $I(s)$ sind die Reihen von Y, die das fehlende Datenmuster s aufweisen. Der Arbeitsspeicher $y = (y_1, y_2, ..., y_p)$ indexiert die Zellen der p-dimensionalen Kontingenztabelle. Zunächst wird $O_s(y)$ für jede Reihe i im Datenmuster s mit den beobachten Daten in $y_{i(obs)}$ gleichgesetzt, sodass der verbleibende Anteil $M_s(y)$ alle Zellen der Kontingenztabelle indexiert, in die die Beobachtung i fallen könnte. Die fehlenden Werte in $y_{i(mis)}$ werden dann gleichzeitig durch Table Sampling gezogen, die einzelne gleich verteilte Variable u wird mit den aus θ abgeleiteten Wahrscheinlichkeiten verglichen, die die bedingte Verteilung von $y_{i(mis)}$ gegeben $y_{i(obs)}$ beschreiben.

3.4   Beispiel: Schutzleistungen-Projekt für ältere Personen[10]

Das Schutzleistungen-Projekt für ältere Personen ist eine Langzeitstudie, die entworfen wurde, um den Einfluss von angereicherten Sozialarbeitsleistungen auf das Wohlbefinden von älteren Kunden abzuschätzen.

---

[10] Vgl. Schafer 1997, S. 272-275.

Für 101 Personen der Studie wurden sechs dichotome Variablen erfasst:

Variable	Ausprägung	Kürzel
Group membership	1 = experimental, 2 = control	G
Age	1 = under 75, 2 = 75+	A
Sex	1 = male, 2 = female	S
Survival status	1 = deceased, 2 = survived	D
Physical status	1 = poor, 2 = good	P
Mental status	1 = poor, 2 = good	M

Für zusätzliche 62 Kunden fehlten Angaben zum physical und/oder mental status. Die beobachteten Daten sind der Tabelle 1 zu entnehmen.

			Male				Female			
			< 75		≥ 75		< 75		≥ 75	
Mental	Physical	Survival	E[†]	C[†]	E	C	E	C	E	C
(a) Fully categorized										
Poor	Poor	Deceased	0	2	5	3	0	0	2	1
		Survived	1	0	0	0	0	0	0	1
	Good	Deceased	0	0	2	2	1	1	1	0
		Survived	0	2	2	0	0	0	0	0
Good	Poor	Deceased	0	0	3	1	0	0	1	2
		Survived	3	1	1	2	0	1	1	0
	Good	Deceased	1	1	4	6	2	0	0	2
		Survived	5	10	6	8	3	5	2	4
(b) Missing physical status										
Poor	Missing	Deceased	0	0	0	0	0	0	0	0
		Survived	0	0	1	0	0	0	0	0
Good		Deceased	0	0	0	0	0	0	0	0
		Survived	0	0	0	0	0	0	0	0
(c) Missing mental status										
Missing	Poor	Deceased	2	0	5	3	1	1	2	0
		Survived	1	1	0	3	0	0	0	1
	Good	Deceased	1	0	0	0	0	0	1	2
		Survived	1	3	2	1	1	1	0	0
(d) Missing both physical and mental status										
Missing	Missing	Deceased	0	1	2	2	1	0	3	1
		Survived	2	8	1	2	1	1	2	2

†E denotes experimental; C denotes control. Source: Fuchs (1982)

Tab. 1: Daten aus dem Schutzleistungen-Projekt für ältere Personen

Die Ergebnisse dieses Projekts werden in der Sozialarbeitsliteratur kontrovers diskutiert. Einige behaupten, dass die angereicherten Leistungen nachteilig für die Kunden seien, da die Sterberate in der Gruppe, die am Experiment teilgenommen hat, (experimental group) größer war als in der anderen (control group). Klassifiziert man die Testpersonen nur durch die

Merkmale G und D, die beide in der gesamten Stichprobe beobachtet wurden, gelangt man zu den Randhäufigkeiten in Tab. 2:

Group	Survived?	
	No	Yes
Experimental	40	36
Control	31	57

Tab. 2: Klassifikation der Testpersonen durch G und D

Der Unabhängigkeitstest für diese Tabelle führt zu $X^2 = 5{,}03$ mit einem Freiheitsgrad; der angenäherte p-Wert ist 0,025, was die These unterstützt, dass zwischen G und D eine Verbindung besteht. Das geschätzte Chancenverhältnis (odds ratio) ist 2,04 und legt somit nahe, dass es für die Testpersonen der experimental group zweimal wahrscheinlicher ist zu sterben als für die Testpersonen der control group. Wenn die Testpersonen den Behandlungen per Zufallsauswahl zugeordnet worden wären, könnte man tatsächlich annehmen, dass die Leistungen, die der experimental group zugute kamen, schädlich waren. Untersuchen wir jedoch die Beziehungen zwischen G und den anderen Variablen, so lässt sich feststellen, dass die Zuordnung zu den Behandlungen keineswegs zufällig erfolgte. Testpersonen in der experimental group scheinen älter und physisch wie psychisch labiler (poorer physical and mental status) zu sein als die der control group. Scheinbar neigten die Forscher dazu, die angereicherten Leistungen den Kunden zukommen zu lassen, die die größte Not hatten. Anstatt uns weiter mit den Randverbindungen von G und D zu beschäftigen, konzentrieren wir uns im Folgenden auf die bedingten Relationen, gegeben die Variablen A, S, P, und M. Hierzu untersuchen wir die Chancenverhältnisse für G und D innerhalb der sechzehn 2×2 – Tabellen, die durch die Kombination der Merkmale A, S, P, und M entstehen. Die Kontingenztabelle hat $2^6 = 64$ Zellen. Bei einer Stichprobe von $n = 164$ macht das im Schnitt 2,6 Beobachtungen pro Zelle. Infolge der Zufallsnullen ist der ML-Schätzwert von θ im saturierten Modell nicht einheitlich und das Supremum der Likelihoodfunktion liegt auf den Grenzen von Θ. Damit der EM-Algorithmus zu einem eindeutigen Modus im Innern von Θ konvergiert, wurde eine a priori Dirichlet-Verteilung mit $\alpha = (c, c, \ldots, c)$ für $c = 1{,}1$ verwendet. Anschließend wurde dieser Modus als Startwert genommen und die Datenvergrößerung mit den zwei alternativen a priori Verteilungen $c = 0{,}1$ und $c = 1{,}5$ in 1000 Iterationen simuliert. In Abbildung 5 sind die Boxplots der 16 ASPM-Kombinationen zu sehen:

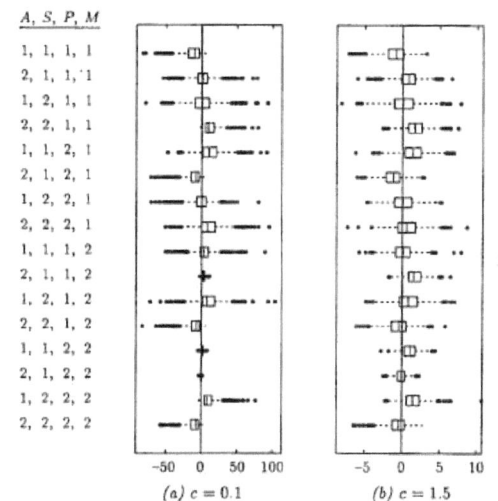

A, S, P, M				
1, 1, 1, 1				
2, 1, 1, 1				
1, 2, 1, 1				
2, 2, 1, 1				
1, 1, 2, 1				
2, 1, 2, 1				
1, 2, 2, 1				
2, 2, 2, 1				
1, 1, 1, 2				
2, 1, 1, 2				
1, 2, 1, 2				
2, 2, 1, 2				
1, 1, 2, 2				
2, 1, 2, 2				
1, 2, 2, 2				
2, 2, 2, 2				

$$(a)\ c = 0.1 \qquad\qquad (b)\ c = 1.5$$

Abb. 5: Boxplots der simulierten logarithmierten Chancenverhältnisse von 1000 Iterationen

der Datenvergrößerung unter zwei a priori Glättungsverteilungen

Ein positiver Wert des logarithmierten Chancenverhältnisses zeigt eine positive Verbindung zwischen den angereicherten Leistungen (G = 1) und Sterben (D = 1) an. Für $c = 0,1$ sind die Chancenverhältnisse sehr variabel und den Regionen nahe an den Grenzen von Θ werden hohe Wahrscheinlichkeiten zugeordnet. Für den stärkeren a priori Wert $c = 1,5$ hat sich die Lage verbessert, allerdings ist die Spanne der simulierten Chancenverhältnisse immer noch unwahrscheinlich groß. Beide Boxplots liegen jeweils beiderseitig von Null, und es sind keine starken Tendenzen ersichtlich, dass die Boxplots eher zentriert, links oder rechts von Null liegen. Folglich lässt sich die Nullhypothese, dass G und D in keiner Beziehung zueinander stehen, nicht widerlegen. Diese Folgerung kann allerdings nicht weiter stabilisiert werden, da die beobachteten Daten zu dünn sind. Man müsste den Wert von c erhöhen, wovon hier abzuraten ist, da dem Modell mit $c = 1,5$ bereits künstliche $1,5 \cdot 64 = 96$ a priori Beobachtungen hinzugefügt wurden.

Literaturverzeichnis

Schafer, J. L.: Analysis of Incomplete Multivariate Data, first edition, Chapman & Hall, London 1997.